MOYENS

PROPOSÉS

POUR

PRÉVENIR L'INFANTICIDE.

È meglio prevenire i delitti che punir li.
M. BECCARIA.

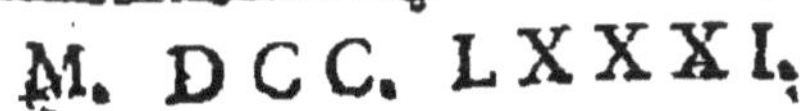

M. DCC. LXXXI.

MOYENS

PROPOSÉS

POUR

PRÉVENIR L'INFANTICIDE.

L ES faftes judiciaires de prefque tous les Peuples, font fouillés par des infanticides. A chaque pas, on y rencontre des meres dénaturées, qui pleurant leur foiblefle, déteftant leur fécondité, donnent la mort aux victimes innocentes qui leur doivent la vie. Les unes étouffent dans leur fein ces êtres malheureux, lorfqu'ils n'ont encore aucun fentiment de leur exiftence ; les autres les plongent dans les ténébres après leur avoir donné le jour.

A ij

Les loix jusqu'ici ont été impuiſſantes pour arrêter ces meutres qui outragent l'humanité, n'en ſoyons point ſurpris. Elles ſont toutes bizares, injuſtes, cruelles, & plus attentives à punir qu'à prévenir le crime.

Le code de Charles-Quint, connu ſous le titre de Caroline, condamne au ſupplice, la femme qui ayant caché ſa groſſeſſe, met au monde un enfant vivant qui par la ſuite eſt trouvé mort.

Le Statut XXI de Jacques Ier roi d'Angleterre, déclare meurtriere, la femme qui accouche d'un bâtard né vivant, dont elle cache la mort en l'enterrant ſecrétement, & comme telle la condamne à expirer dans les ſouffrances, ſi elle ne prouve par la dépoſition au moins d'un témoin que l'enfant eſt venu mort.

Quelles loix! Une femme a caché la mort de ſon enfant, donc elle l'a tué. N'a-t-elle pas des motifs pour

enfévelir cette mort dans l'oubli ?
La publier, n'eft-ce pas annoncer fa
maternité & fe couvrir d'opprobre
aux yeux de fes concitoyens ? La loi
impérieufe de l'opinion la force au
fecret; & on lui fait un crime de
ce fecret, & on lui arrache la vie
dans les tourmens fans avoir aucune
preuve du forfait qu'on lui impute.

Tout délit pour être puni, doit
être prouvé, fans quoi le châtiment
eft injufte & tyrannique. Plus le délit
eft atroce; moins il eft préfumable
& plus les preuves doivent être
claires, évidentes. Quel crime eft
comparable à celui d'une mere por-
tant une main barbare fur l'enfant
qui lui tend des bras careffants pour
implorer fes fecours & fa pitié ?
Cependant pour le punir on n'exige
point de preuves. L'enfant eft mort;
il eft enféveli, c'en eft affés, tout
eft prouvé contre la mere; c'eft elle
qui a commis le crime. Cette confé-

quence eſt bien digne de cet axiôme
infâme qui fait la baſe de tous les
codes criminels *in atrociſſimis leviores
conjecturæ ſufficiunt & licet judici jura
tranſgredi.*

L'infanticide, dira-t-on, eſt ſouvent enveloppé d'un voile ſi myſté-
rieux qu'il eſt quaſi impoſſible de le
lever entièrement. Donc il faut punir
ſans preuves ; donc dans l'incertitude
il faut plutôt être féroce qu'indul-
gent ; donc il faut courir les riſques
de confondre les innocents avec les
coupables.

Ce qui doit paroître bien ſurpre-
nant, c'eſt que ces principes ſangui-
naires ſoient reçus chés tous les
Peuples Européens ; ces Peuples ſi
doux, ſi policés. En France les loix
ſont encore plus injuſtes & plus
cruelles que celles de Londres & de
Madrid.

L'édit de Henri II ne diſtingue
point ſi l'enfant eſt venu au monde

mort ou vif, pourvu que la mere ait célé fa groffeffe, & que l'enfant à qui elle a donné le jour foit trouvé mort, elle eft cenfée *l'avoir homicidé*.

Ainfi, inutilement une infortunée prouveroit qu'elle eft accouchée d'un enfant mort, ce qui peut arriver, ce qui arrive aux meres de famille les plus refpectables, n'ayant fait aucune déclaration de groffeffe elle périroit dans les fupplices.

Cet édit a pourtant eu & a encore la plus grande célébrité. Il eft enjoint à tous les Miniftres des autels, dans l'étendue du Parlement de Paris, de le lire & publier tous les trois mois aux prônes des meffes paroiffiales. *

---

* Les loix anciennes n'étoient ni plus juftes ni plus fages.

La loi de Moïfe diftinguoit fi l'enfant dont la femme fe faifoit avorter étoit inanimé ou vivant; dans le premier cas elle ne prononçoit point de peine contre la coupable; dans le fecond elle la condamnoit à mort: Comme fi l'atrocité de l'action dépendoit de l'état plus ou moins parfait du germe. Comme fi un

Pour peu qu'on réfléchiſſe à ces extravagances barbares; n'eſt-on pas ſaiſi d'étonnement & d'indignation? Arrêtons, s'il ſe peut, leurs effets cruels; ôtons aux meres dénaturées le deſir, la volonté de commettre un crime affreux, & rendons le glaive inutile entre les mains des magiſtrats.

Ce n'eſt point par des loix pénales qu'on parviendra jamais ni à prévenir, ni à arrêter l'infanticide. Il eſt impoſſible d'en faire qui ſoient en même-temps juſtes & d'une exécution ſûre & facile; qualités eſſentielles aux loix, ſans quoi leur

---

enfant au moment de ſa conception ne portoit pas avec lui la vie & l'exiſtence. ——
Les Romains faiſoient une autre diſtinction lorſque la femme qui détruiſoit ſon fruit avoit été corrompue par argent, elle étoit punie de mort. Lorſqu'elle s'étoit portée à cette deſtruction par haine & averſion contre ſon mari, elle étoit bannie pour un certain temps. Quelle proportion y avoit-il entre ces deux châtimens? Le crime étoit abſolument le même, les motifs quoique de genre différens, étoient également odieux,

moindre défaut eſt d'être inutiles.

Les précautions à prendre pour conſtater un pareil délit ſont infinies; & ne conduiſent le plus ſouvent qu'au doute. Dans tous les cas d'infanticide, dit un célébre Médecin, on a pour l'ordinaire pluſieurs objets à diſcuter à la fois. 1°. Si l'enfant étoit capable de vie après la naiſſance. 2°. S'il étoit mort ou vivant avant l'accouchement. 3°. S'il eſt né mort ou vivant, & s'il a vécu après l'accouchement. 4°. Quelles ſont les cauſes de ſa mort avant ou après l'accouchement. 5°. Depuis quel temps il eſt né. 6°. Si la mere qu'on accuſe a réellement accouché dans le temps ſuppoſé.

Quand on penſe qu'il n'y a aucun de ces points qui ne ſoit un ſujet de controverſe; que les hommes les plus verſés dans la médecine légale, ſont diviſés ſur les ſymptômes auxquels on peut les reconnoître pour certains, que tous appuient leurs opinions de faits & d'exemples ; qu'il est cependant indispensable que tous ces objets soient éclaircis, mis en évidence pour porter un jugement sage & équitable. La plume ne tombe-t-elle pas des mains, & ne doit-on pas trembler en prononçant la peine de mort contre l'infortunée qui est prévenue du meurtre de son enfant ?

A moins de l'avoir vue cette infortunée commettant le crime (& ce cas est un phénomène) il est presque impossible de la convaincre.

Elle a, je le suppose, étouffé ou laissé périr faute de secours l'être malheureux qui lui devoit la vie ? Interrogés-la & qu'elle vous réponde qu'il est mort naturellement ; que ferés-vous ? Vous soumetterés le cadavre à l'examen des gens de l'art, qui pour comble de malheur sont souvent très-ignorants ; dès-lors vous aurés pour toute folution des doutes, des incertitudes.

A cette impoffibilité de faire toute à la fois une loi fage & dont l'application foit jufte & invariable; joignés la facilité & l'intérêt qu'on aura d'enfreindre cette loi.

La facilité eft extrême. La meurtriere eft ordinairement la feule complice de fon crime; elle peut choifir l'inftant qui lui eft le plus favorable pour le commettre; la victime ne peut lui échapper, cette victime eft fans défenfes, fans armes, elle ne peut faire entendre ni fes plaintes, ni fes cris; point de famille allarmée qui vienne dépofer fa douleur aux pieds des tribunaux & demander vengeance. Le forfait & fes traces difparoiffent, font enfévelis dans la nuit la plus profonde. Que de motifs pour fe flatter de l'impunité! Que de motifs pour tranfgreffer la loi!

L'intérêt de la violer eſt tel, qu'en vain, pour la faire reſpecter, on prononceroit les châtimens les plus effrayans. L'infortunée que la foibleſſe a rendue mere n'a que deux partis à prendre : de divulguer ſon déshonneur ou de le cacher par un crime.

D'un côté elle voit le mépris, l'opprobre attachés à ſes pas ; elle voit ſes parens , ſes amis conjurés contre elle ; elle voit les reproches l'accabler de toutes parts. Rebut de la ſociété, elle va y vivre déshormais ſeule , iſolée, un époux ne partagera point ſa couche , de tendres enfans ne feront point le charme & la conſolation de ſa vieilleſſe , obligée peut-être de fuir ſa patrie ; elle cherchera inutilement un reméde à ſes maux dans des pays lointains : le chagrin, la douleur, la pourſuiveront par-tout, & elle mourra ſans être regrettée ; d'un autre côté elle voit

le glaive de la justice suspendu sur
sa tête, il peut trancher sa destinée,
il est aussi possible d'échaper à ses
coups, l'espoir l'enhardit, la soutient.
D'ailleurs c'est un moment de douleur & sa vie sera un siécle d'amer-
tume.

Quel parti prendra-t-elle donc?
Son choix n'est pas douteux. Elle
redoute plus la loi de l'opinion, que
les loix criminelles. Elle s'exposera
à une mort incertaine pour se sous-
traire à l'opprobre public qu'elle ne
peut éviter.

Règle générale où la loi de l'opinion parle, la loi judiciaire se tait.
La loi de l'opinion est gravée dans
notre âme dès l'enfance, elle fait
partie de notre éducation, elle est
formée par le vœu unanime de la
société; elle est si universelle qu'elle
paroît naturelle; tous les individus
lui obéissent & sont ses esclaves.

Qu'ont produit ces punitions sévères

& si souvent renouvellées contre
ceux qui se battent en duel ? Les
préjugés militaires ont pris le dessus,
& le moindre soldat s'expose sans
balancer à être puni de mort, pour
venger la plus légère injure. Si cette
férocité qui porte deux amis, deux
concitoyens à s'égorger est moins
fréquente, ce n'est point aux loix
que la réforme est due, c'est aux
mœurs qui sont devenues plus dou-
ces, plus humaines, plus éclairées.

De quelle utilité seroient donc
des loix sur l'infanticide ? Puisqu'in-
certaines & dangereuses dans leur
application : les coupables auroient
encore la plus grande facilité, le
plus grand intérêt de les enfreindre.
Disons plus ; s'il n'existoit que des
loix pour réprimer ce crime, une
foule d'infortunées seroient con-
traintes de les violer.

Combien est-il de ces victimes de
l'amour réduites à un tel excès de

misère, qu'elles sont dans l'impossi-
bilité de payer les soins & les mé-
dicamens nécessaires à leur santé ?
Ne subsistant que de leur travail,
elles ne vivent plus, aussi-tôt que
leurs bras se reposent. Les fatigues
d'un accouchement, ses suites, sont
affreuses pour ces misérables. Les
jours qu'elles sont obligées d'em-
ployer à leur repos & à rétablir
leurs forces épuisées, sont autant de
jours de désolation & d'infortune.

Qu'elles poursuivent, dira-t-on,
les auteurs de leurs maux ? Qu'elles
les traduisent en justice ? Les loix
viendront à leur secours, elles ob-
tiendront des soulagemens, des
réparations. Elles peuvent en ob-
ténir sans doute. Mais comment ?
En quel cas ? Il ne suffit pas d'indi-
quer un séducteur, de l'accuser, il
faut le convaincre & cela est juste,
sans quoi la calomnie, les fausses
délations noirciroient une multitude

d'innocents. Quoiqu'il ne soit pas nécessaire d'administrer des preuves *luce clariores* des preuves *de visu*, il faut néanmoins des preuves qui aient un certain dégré d'évidence difficile à acquérir dans une action qui est toujours couverte des voiles du mystére. De pareilles ressources sont donc à peu-près inutiles, & par la difficulté d'en profiter, & par la honte dont on se couvre en en faisant usage.

Maintenant qu'il est démontré que des loix pénales sont incapables d'arrêter l'infanticide, que les plus sages en elles-mêmes sont d'une exécution on peut dire impratiquable ; que les cas où elles peuvent s'appliquer avec justice & certitude, sont extrêmement rares ; qu'elles ne peuvent avoir d'autre mérite que de punir un mal consommé, sans parer au mal prêt à naître ; cherchons d'autres moyens plus simples, plus

efficaces

efficaces pour prévenir & déraciner
ce crime deſtructeur, prenons garde
ſur-tout que ces moyens ne donnent
lieu à des inconvéniens plus funeſtes
que ceux que nous nous occupons à
détruire.

Pour anéantir les ſuites meurtrieres
de l'incontinence des femmes; il ne
faut pas autoriſer les mœurs licen-
tieuſes & diſſolues.

La continence dans tous les temps,
chés tous les peuples, a été une
vertu précieuſe & recommandable.

A Athénes un Magiſtrat veilloit
ſur la conduite des femmes.

Rome éleva un temple & des autels
à la pudicité dont elle fit une déeſſe.

Les Nations Européennes n'ont pas
déïfié cette vertu, ne lui ont pas élevé
des monuments publics; cependant
elles ont pour elle la plus grande
vénération & lui rendent des hom-
mages éclatans.

Les loix civiles, de concert avec

les loix religieufes, veillent avec
foin & autant qu'il peut dépendre
d'elles à la retenue & à la pudeur
des femmes... L'adultère, l'incefte,
le rapt, le viol, font des crimes
punis plus ou moins rigoureufement
chés tous les peuples de la terre.

De tous les fléaux qui peuvent
troubler l'ordre & l'harmonie de la
fociété la diffolution des femmes eft
en effet le plus funefte, elle énerve
l'Etat dans toutes fes parties, elle
améne avec elle la dépopulation. Où
la galanterie eft commune, les maria-
ges font rares. L'homme certain de
trouver des femmes commodes,
n'eft pas tenté d'en prendre une en
propre. Il jouit de prefque tous les
avantages de l'homme marié & n'en
a point les peines, les embarras, les
dégoûts : il vit libre, indépendant
fans foins domeftiques, il n'obéit
qu'à fes défirs & à fes penchants.

Qu'on ne dife pas que l'attrait du

plaifir, réuniffant invinciblement les deux fexes la population fera tou-jours nombreufe.

» Les conjonctions illicites, dit » Montefquieu, contribuent peu à la » propagation de l'efpéce. Le pere » qui a l'obligation naturelle de » nourrir & d'élever les enfants n'y » eft point alors fixé, & la mere à » qui l'obligation refte trouve mille » obftacles; par la honte, le remord, » la gêne de fon fexe, la rigueur des » loix : la plûpart du temps elle » manque de moyens.

» Les femmes qui fe font foumifes » à une proftitution publique, ne peu- » vent avoir la commodité d'élever » leurs enfans ; les peines de cette » éducation font mêmes incompati- » bles avec leur condition ; & elles » font fi corrompues qu'elles ne fau- » roient avoir la confiance de la loi.

» Il fuit de tout ceci que la con- » tinence publique eft naturellement

» jointe à la propagation de l'espéce.

Une vertu dont les effets sont si salutaires , dont l'influence sur la constitution des sociétés est si prodigieuse, doit être entretenue comme le feu sacré des Vestales : il ne faut jamais la laisser éteindre.

Il y auroit trop de danger à affoiblir le déshonneur & l'opprobre attachés à l'incontinence des femmes. Il est bien vrai que si ces victimes de l'amour, au lieu d'être punies, étoient récompensées ; si elles recevoient le prix du citoyen qu'elles donnent à l'Etat ; si comme à Lacédemone, cette république étonnante , elles n'étoient point flétries par l'opinion publique ; elles ne s'abandonneroient point à un crime qui doit coûter bien cher à leur cœur. Mais cette indulgence, ces encouragemens ouvriroient la porte à une foule de désordres qui saperoient l'édifice social jusques dans ses fondements.

pour détruire un crime, il ne faut
pas détruire les mœurs.

Il ne faut pas non plus par un zéle
aveugle, outré, maintenir la chasteté
& la pudeur, le glaive de la justice
à la main. Rien ne seroit plus salutaire sans doute que d'arrêter l'impu-
dicité des femmes : ce seroit prévenir
l'infanticide qui en est la suite. Mais
il est des vices, même des crimes,
qu'il est prudent de ne pas soumettre
à l'empire des loix lorsqu'ils ne font
point publics, & qu'ils ne troublent
pas ouvertement l'harmonie de la
société.

Autoriser des surveillants pour
épier les délits secrets & mystérieux
que les femmes commettent contre
les régles de la retenue & de la
modestie : recevoir les délations
suspectes de ces espions; ce seroit
autoriser la fraude, l'imposture, la
fourberie; ce seroit porter le trouble,
l'inquiétude, la défiance, dans le

commerce de la vie sans remédier
au mal.

Quel bien ont opéré toutes les
loix rigoureuses prononcées contre
l'adultère ? Ce crime n'en a pas
moins suivi le cours des mœurs &
leurs variations. Ce n'est point aux
loix pénales, c'est à l'opinion publique à réprimer les déreglements des
femmes.

Puisqu'il seroit aussi dangereux de
lâcher avec foiblesse les liens qui
attachent les femmes à la vertu, que
de les tendre avec trop de violence
par le secours des loix ; puisqu'il y
auroit autant d'imprudence & d'in-
justice à récompenser l'incontinence
des femmes, qu'il y auroit d'im-
possibilité de la réprimer en la punis-
sant : ni l'un ni l'autre de ces moyens
extrêmes n'est propre pour arrêter &
détruire l'infanticide : marchons donc
entre ces deux écueils, le flambeau de
la raison & de l'humanité à la main,

(23)

Il est plusieurs chemins qui menent
à la vertu, qui éloignent consé-
quemment du vice dont nous cherchons à prévenir les suites cruelles :
ne contraignons point les femmes
de suivre ces chemins, ne les en
écartons pas non plus, rendons-en
seulement l'accès si facile, si agréable
qu'elles y soient attirées par un pen-
chant enchanteur & invincible.

C'est à vous Maîtres des nations
à qui je m'adresse ! c'est vous qui
avés la puissance de faire chérir les
bonnes mœurs, de leur rendre leur
éclat, leur beauté : vous tenés dans
vos mains les ressorts du bien &
du mal moral ; persuadés-vous bien
d'abord que la corruption en tout
genre vient de la mauvaise constitution des gouvernements ; & que la
premiere opération à faire pour
anéantir une foule de vices, c'est
d'anéantir les abus qui se sont intro-
duits dans les institutions sociales.

(24)

De tous ces abus, les plus funestes
font ceux qui jettent une grande
disproportion dans les fortunes : ils
élevent le petit nombre des citoyens
fur la ruine du plus grand ; ils rendent le pauvre l'esclave des plaifirs
& des caprices du riche ; ils amenent
la dépopulation, ils occafionnent un
luxe effrené, en un mot ils font la
fource de prefque tous les défordres
moraux. * Protégés la vertu, comblés-
la de faveurs, établiffés des récom-
penfes pour les filles pauvres qui fe
feront distinguées parmi leurs com-
pagnes par la fageffe de leur conduite
& la pureté de leurs actions, donnés-
leur des époux vertueux, ces récom-
penfes exciteront une noble rivalité
qui aura la plus heureufe influence
fur les mœurs. ** Soiés vous-mêmes

---

* Ce feroit peut-être ici le lieu de parler
de ces abus, mais il faudroit des volumes
pour les paffer en revue.

** Dans plufieurs cantons de la France on
couronne avec pompe dans des jours folem-
nels la fille la plus fage, on la comble de
préfens

rigides observateurs de toutes les bienséances , ne souffrés pas le vice auprès de vous , qu'il ne puisse supporter vos regards , images vivantes de la divinité sur la terre , soyés purs comme elle. Que les rayons qui partent de vos trônes parviennent sans tache jusques dans les classes inférieures de la société , & servent à conduire les Peuples dans le chemin de la vertu. Fuyés lâches & infâmes séducteurs , vous pour qui rien n'est sacré , vous qui vous faites un jeu de porter le trouble & le désespoir dans les familles , vous qui sacrifiés

---

présents & d'honneurs , elle se choisit un époux digne d'elle comme autrefois les jeunes Samnites les plus distingués par leur vertu & leur courage , prenoient pour femmes les filles les plus sages.

Quelle sublime institution ! Qu'il seroit à souhaiter qu'elle s'étendît par-tout ; que chaque Seigneur dans ses terres sacrifiât annuellement une somme pour récompenser la jeune fille & le jeune garçon les plus vertueux du village.

l'innocence à vos honteux plaisirs,
vous qui achetés de l'indigence l'a-
bominable droit de la déshonorer.
Fuyés, vous dis-je, il n'est plus
d'afile pour vous, vos poifons
n'enivreront plus des âmes trop foi-
bles, & trop crédules, le culte des
bonnes mœurs va chaffer les vices
vos idoles, & tous les maux, tous
les crimes qu'ils amenent à leur fuite.
Flatteufe efpérance ! Hélas que ne
peux-tu te réalifer. Sans doute un
grand nombre de victimes feroit pré-
fervé de la contagion par la falu-
brité de ces influences morales;
mais toutes échapperoient-elles ? Ne
nous en flattons pas. Il en eft encore
qui fe laifferoient entraîner dans des
piéges féducteurs, & c'eft fur le fort
de ces infortunées qu'il faut tourner
notre attention.

Si elles deviennent meres, faifons
en forte qu'elles ne deviennent pas

les meurtrières de leurs enfans que qu'une faute presque toujours digne d'indulgence en elle-même, ne les conduise pas à une action infâme, atroce, pour empêcher ainsi le mal de dégénérer en crime ; le vrai, le seul moyen est de présenter des secours à ces infortunées, lorsqu'elles ne font encore que blâmables, afin de les empêcher de se rendre crimi-nelles.

§. I.

Nécessité du secours.

EST-IL une position plus cruelle que celle d'une jeune personne qui porte dans son sein le fruit de son inconduite ? Quels remords ! Quelles angoises ! Le passé, le présent, l'a-venir, tous les momens de son existence lui offrent une foule d'ima-ges effrayantes & terribles ; c'est une longue chaîne de maux & de dou-

seurs qui semble la conduire jusqu'au
tombeau. Il n'est plus de repos pour
elle ; jour & nuit elle est déchirée
par des soucis dévorans. O combien
elle maudit le moment fatal à son
innocence ! Se retrace-t-elle les
principes d'honneur & de vertu qui
faisoient le charme & la tranquillité
de sa vie ? C'est pour s'accuser de les
avoir outragés ; c'est pour répandre
des larmes amères sur son sort. Elle
gémit en silence ; elle redoute la
lumière. A chaque instant ses inquiétudes redoublent ; elle est dans des
transes mortelles, le terme approche
où elle va donner le jour à l'être
malheureux qui fait le tourment de
sa vie. Situation affreuse ! Comment
échapper aux regards pénétrants de
tous ceux qui l'environnent, ses amis,
ses parents, ses concitoyens, ont sans
cesse les yeux fixés sur elle. Qu'elle
soit, je le suppose, assés heureuse

pour tromper leur vigilance ; que
son enfant reçoive secrétement la
vie ? Comment l'élever, le nourrir,
veiller à son éducation, sans déceler
sa maternité, par conséquent son
opprobre ? Et si pour comble de
malheur elle est trop pauvre, trop
misérable pour lui prodiguer tous
ces soins, pour se donner à elle-
même ceux dont elle a besoin. O
cruelle perplexité ! ô combats affreux ! que voulés-vous qu'elle fasse ?
Nature tu frémis ; & vous âmes
sensibles ne tremblés-vous pas en
envisageant l'excès du malheur au-
quel cette infortunée est en proye.
Est-elle la maîtresse de ses sens ? Et
dans ces momens de délire & d'éga-
remens, n'est-ce pas se rendre com-
plices de tous les attentats qu'elle
peut commettre que de lui refuser des
secours, des consolations.....Oui !
Il n'y a que des soins charitables &

compatiſſants qui puiſſent adoucir le ſort de cette mere déſeſpérée, & le lui rendre ſupportable. Tout autre expédient ſeroit inutile. Il n'eſt point de loix capables de calmer les tranſports douloureux de ſon âme , & d'en arrêter les effets funeſtes. On ne peut donc ſans inhumanité, ſans barbarie lui refuſer ces ſoins : & pour qu'ils ſoient efficaces il faut qu'ils ſoient rendus ſecrétement.

§. II.
Néceſſité & avantages du ſecret.

C'EST la honte, c'eſt la crainte du déshonneur autant que le défaut de ſecours qui rendent homicide & barbare un ſexe doux & timide.

Qu'on ſe repréſente le tendre raviſſement, les doux tranſports, d'une femme qui peut avouer, ſans rougir, ſa fécondité ? Qui aux yeux de la ſociété, à la face des autels,

a mérité le titre glorieux de mere.
Qu'on se représente, dis-je, ces
moments de joie & d'ivresse, où
elle envisage pour la premiere fois,
l'être qu'elle a formé ou abîmée
de douleurs, elle verse des larmes
de plaisir ; & qu'on juge combien il
en doit coûter à la mere sensible &
malheureuse , qui , repoussant ces
sentiments délicieux , porte une main
criminelle sur son enfant.

Si cette infortunée en recevant des
soulagements pouvoit se flatter d'un
secret inviolable, consommeroit-elle
cet horrible sacrifice ? Tremperoit-
elle ses mains dans son propre sang ?
Immoleroit-elle une victime inno-
cente que l'âge & la foiblesse rendent
si digne d'intérêt & de compassion ?
Non , non. La nature & l'amour
parleroient à son cœur & désarme-
roient son bras.

Un second avantage du secret ,

c'eſt que, la faute inconnue, celle qui l'aura commiſe en deviendra meilleure. Elle ſe reprochera ſa foibleſſe. Les douleurs qu'elle aura éprouvées, la perplexité, la crainte dont elle aura été agitée étant tou-jours préſentes à ſon eſprit, elle fuira avec beaucoup plus de précau-tion les égarements qui lui auront coûté tant de larmes, & peut-être un jour elle ſera une mere de famille vertueuſe & reſpectable.

Lorſqu'on n'a que ſoi pour témoin de ſa faute; il eſt rare que cette faute ne ſerve pas de leçon. Si au contraire nos vices ſont publics, s'il n'eſt plus poſſible de les cacher, ſi le mépris & l'opprobre marchent ſur nos pas, nous perdons toute retenue ; nous augmentons une tache que nous dé-ſeſpérons de pouvoir effacer. L'eſtime de nous-mêmes nous abandonne, notre âme s'avilit, ſe décourage, &

nous devenons incapables d'aucune action vertueuse.

Les femmes sur-tout sont si sensibles à la perte de ce que nous appellons *honneur* ; elles y attachent une si grande importance , qu'elles ne voient rien au delà : il n'est point pour elles de vertu morale comparable à la continence. Si une fois elles en ont passé les bornes , & que leur foiblesse soit connue ; elles se croient tout permis , & il n'est point d'action , quelque déréglée qu'elle soit , dont elles ne puissent se rendre coupables. *Le moindre défaut des femmes galantes (dit* M. de la Rochefoucault *) est la galanterie.*

Le troisième avantage du secret est d'éviter le scandale. L'exemple est un tyran qui domine avec empire sur les esprits. Quelles impressions contagieuses ne font point ces exemples continuels de la débauche la plus effrennée ! Plus ils se multiplient, plus ils perdent de l'indignation qu'ils devroient inspirer. Les belles choses perdent de leur beauté à force d'être vues ; celles qui sont hideuses perdent aussi de leur difformité lorsqu'on les voit trop souvent.

Le premier qui enfreint une loi paroît très-criminel ; & il subit dans toute leur étendue les peines qu'elle a prononcées. Les infracteurs se multiplient, alors leur crime s'affoiblit en raison de leur nombre, & le législateur lui-même est bientôt forcé de modifier sa loi. Elle paroîtroit barbare & inhumaine ; de douce & de modérée qu'elle paroissoit d'abord.

Il en est de même des mœurs. Les exemples de relâchement diminuent peu à peu leur austérité. Combien de choses maintenant permises qui passoient autrefois pour des licences repréhensibles.

Qu'on se donne donc bien de garde de préfenter au public des exemples trop fréquents de la diffolution des mœurs, de crainte que les femmes ne s'habituent à les envifager d'une maniere trop indifférente.

Peut-être quelques moraliftes atrabilaires nous diront-ils, vous prétendés vainement maintenir la pureté des mœurs, en empêchant la publicité de la débauche : vous les corromperés au contraire en la tenant fecréte, & en tendant une main bienfaifante aux criminelles. Si les filles font une fois certaines de trouver des fecours fecrets ; elles fe livreront avec plus de confiance & d'emportement à la fougue de leurs paffions.

Les filles débauchées, leur répondrons-nous, le feront toujours, qu'on leur préfente ou non des fecours ; & les filles fages refteront telles, malgré

les reſſources qui leur ſeront of-
fertes.

Quelle eſt la jeune perſonne qui
s'expoſeroit à faire un enfant uni-
quement raſſurée par la certitude
d'être ſecourue dans le ſecret ?
Jamais une pareille certitude ne
pourra être ſuffiſante pour la porter
à l'oubli de ſes devoirs.

La groſſeſſe eſt d'ailleurs en elle-
même une ſituation à charge, pénible,
dangereuſe , & qui donne lieu à de
cruelles inquiétudes. Les ſoulage-
ments qu'on peut recevoir dans cette
ſituation ne ſont pas plus capables
d'engager une fille à devenir groſſe,
que le plaiſir de recouvrer la ſanté
par des remédes peut faire deſirer à
un homme de tomber malade.

En ſuppoſant même, par impoſſible,
que quelques filles puſſent ſe livrer
au mal dans la confiance d'obtenir
ſecrétement leur guériſon ; qu'en

réfulteroit-il ? Que les fecours fecrets falutaires en eux-mêmes feroient fujets à de legers inconvéniens.

On demande lequel feroit préférable, de voir dans une ville fix cents filles groffes confervant leur fruit à l'aide de foins charitables qui leur feroient adminiftrés, ou de n'en voir que quatre cents ; mais qui détruiroient leurs enfants faute de fecours.

RÉFLEXIONS
Sur les anciens établiffements qui peuvent concourir à arrêter l'infanticide.

A Rome il fuffifoit qu'un pere déclarât qu'il ne pouvoit pas nourrir fon enfant pour que l'état en demeurât chargé.

Cette loi devoit finguliérement encourager la population & prévenir l'infanticide. Conftantin voulût qu'elle fut gravée sur le marbre, afin qu'elle fût éternelle.

Chés plusieurs Nations modernes il existe des hôpitaux pour retirer les enfans abandonnés à la charité publique. Ont-ils été érigés dans le dessein d'arrêter le crime affreux, & malheureusement trop commun des meres qui détruisent leur fruit ? L'ont-ils été seulement parce qu'il y eût eu de la barbarie à laisser périr sans secours ces victimes innocentes? C'est ce que nous n'examinerons point, & qu'il importe peu de savoir. Il suffit que ces institutions puissent entrer dans nos vues & aller à nôtre but, pour les adopter en y faisant quelques legers changements.

Le juste reproche qu'on peut faire aux fondateurs des maisons destinées à recevoir & à élever les orphelins, c'est de ne les avoir pas assés mul-tipliées. On n'en trouve que dans les

capitales des états ; de forte qu'une
malheureufe qui accouche à foixante,
quatre-vingt lieues de ces afiles, ne
peut y envoyer fon enfant fans
beaucoup d'obftacles & d'inconvéniens.

Il faut d'abord qu'elle le confie
à une perfonne pour le tranfporter ;
ordinairement ce font des merce-
naires qui font chargées de ces
commiffions fecrétes.

On a vu de ces femmes vénales,
ô comble de cruauté, qui tentées par
l'appas d'un gain fordide & criminel,
qui, pour éviter les peines & les dé-
penfes d'un voyage, ont enfouis dans
la terre les enfans qui avoient été
confiés à leurs foins, au lieu de les
rendre à leur deftination.

Sans nous arrêter à ces affaffinats
horribles & particuliers : les intem-
péries de l'air, les fatigues de la
route, la trop longue privation du

lait maternel ; ne font-ils pas autant de dangers mortels qui menaçent & attaquent les jours d'un enfant nouvellement né ?

Combien ne feroit-il donc pas intéreſſant de multiplier ces maiſons d'humanité, en en établiſſant dans toutes les capitales des provinces, dans les villes du fecond, du troiſiéme ordre, même dans les bourgs un peu confidérables * en recevant dans ces afiles généralement tous

---

* En France les hôpitaux des enfans trouvés viennent d'être multipliés. Ces nouveaux établiſſements font dus à la fageſſe & à l'humanité d'un jeune Monarque dont les vertus attirent les regards de l'Europe étonnée.

On doit au même efprit de bienfaiſance pluſieurs réformes intéreſſantes.

Des fupplices moins cruels & moins barbares pour les déferteurs.

Des priſons plus faines & plus commodes pour les malheureux détenus pour dettes ou prévenus de crimes.

Et fur-tout l'abolition de la queſtion préparatoire.

les

les orphelins fans fe permettre aucune recherche fur leur naiffance.
S'il fuffifoit qu'un enfant fût aban-
donné de fes pere & mere pour être
adopté par la patrie : on fauveroit la
vie à une infinité de malheureux qui
peuvent devenir utiles , & on pré-
viendroit beaucoup de crimes.

Quelle eft la fille qui après avoir
donné la vie à fon enfant, auroit la
cruauté de lui donner la mort ; lorfqu'elle verroit devant fes yeux un
dépôt où elle pourroit le mettre
avec fûreté & fans déshonneur ? Ne
craignons pas de le dire, il n'en eft
point. La nature parle toujours au
cœur de la mere la plus barbare ; &
fi quelque chofe peut étouffer un
inftant en elle cette voix puiffante ,
ce n'eft que le défefpoir où la plongent l'infortune & la crainte de
l'opprobre.

Mais fuppofons que malgré ces

D

recours ce crime soit encore possible,
afin de ne laisser échapper aucune
occasion de le prévenir. On pourroit
faire usage d'une précaution aussi
simple que salutaire. Il n'y auroit
qu'à enjoindre à toute sage-femme,
à tout accoucheur , de s'emparer
après leurs opérations des enfans nés
bâtards, & de les déposer ou faire
déposer, en leur présence, dans les
asiles qui leur seroient consacrés;
sans être tenus à aucune espèce de
déclaration qui puisse décéler les
infortunées à qui ils devroient le
jour. On éviteroit par là l'embarras
où se trouvent souvent ces malheureuses, pour faire parvenir sécréte-
ment leurs enfans; on ne leur laisse-
roit pas en outre le temps de faire
des réflexions sinistres sur le fort de
ces jeunes innocents , sur le leur
propre : réflexions qui les conduisent
presque toujours au crime.

Ces anciens établissements ainsi multipliés & rectifiés pourroient être très-utiles : cependant seuls ils ne feroient pas capable de prévenir entièrement l'infanticide.

NOUVEAUX ÉTABLISSEMENS*
Proposés pour achever de détruire ce crime.

Il ne suffit pas de conserver les jours des enfans nés ; il faut encore veiller à l'existence des enfans à naître. Si l'humanité exige que les

---

* Ces établissemens ont été entrevus par M. de Voltaire. M. le Marquis de Mirabeau en a un peu développé les avantages dans un ouvrage qui a pour titre *l'Ami des hommes.* Et depuis, une foule de bons écrivains en ont fait sentir la nécessité.

Il y a maintenant à Londres une maison publique d'accouchemens gratuits.

En Prusse lorsqu'une fille est grosse elle se présente chés le magistrat qui fixe l'endroit où elle doit faire ses couches. Les habitants sont obligés d'en payer les frais, si elle ne peut y subvenir. Il n'y a point d'infanticide dans les états du Roi de Prusse.

premiers trouvent des fecours ; elle exige également qu’on fauve les derniers des dangers qui les ménacent.

Il eft une foule d’infortunées qui prévoyant l’impoſſibilité déſeſpérante de donner fecrétement le jour à leurs enfans, les détruifent dans leur fein, lorfqu’à peine ils font conçus.

Celles fur-tout, & c’eſt le plus grand nombre, qui réduites dans une extrême pauvreté ne peuvent frayer aux dépenſes d’un accouchement, en fupporter les fuites onéreuſes, ne font-elles pas comme forcées à cette deſtruction !

Elles commettent ce crime avec d’autant plus de facilité qu’à leurs yeux il eft moins révoltant que le meurtre d’un enfant qui a reçu le jour. L’obfcurité qui l’enveloppe, en diminue l’atrocité. Elles ne voient point la victime qu’elles frappent, elles la croient même infensible à leurs coups. Ses cris, fes careffes, ne portent point l'effroi dans leur cœur, & ne font point tomber le poignard de leurs mains égarées & tremblantes.

Elles le commettent avec d'autant plus de fécurité qu'il ne laiffe après lui aucune trace. Un cadavre ne dépofe point du meurtre & n'indique point l'affaffin.

Qu'on établiffe des afiles où l'on reçoive ces malheureufes victimes de l'amour pour y dépofer leurs enfans ; que dans ces afiles on les traite avec douceur, fans reproche; qu'on n'exige point d'elles la révélation de leur nom. de leur état, de leur naiffance ; qu'elles puiffent fe flatter d'un fecret inviolable. Qu'on leur adminiftre gratuitement les fecours dont elles auront befoin, &c. &c. On préviendra ces horreurs qui font frémir la nature ; & qu'aucune loi ne pourra jamais arrêter.]

De plus, on y gagnera une multitude de citoyens utiles. Les uns seront employés à des manufactures. — Les autres pratiqueront des routes, ouvriront des voies de communication, creuseront des canaux. — Ceux-ci envoyés dans les Indes, dans les Isles, dans un âge peu avancé, se naturaliseront avec le climat, cultiveront nos possessions, peupleront nos établissements. On cessera d'aller dans ces contrées brûlantes & sauvages acheter des hommes pour en faire des esclaves. Commerce infâme, odieux, qui révolte la raison & l'humanité. — Ceux-là réunis en corps de troupe porteront les armes pour la défense de leur patrie ; comme les enfans de tributs les portoient autrefois chés les Turcs : alors on ne dépeuplera plus les campagnes de gens nécestaires, par des milices, par des levées d'hommes forcées. On n'enlevera plus à des familles malheureuses les membres qui les soutiennent.

Chaque état, en un mot, fera de ces citoyens devenus ses enfans l'emploi le plus convenable & le plus avantageux à sa constitution.

Les Souverains ne manquent point d'argent pour détruire le genre humain par des guerres sanglantes & ruineuses ; en manqueroient-ils pour le multiplier & veiller à sa conservation ?

Plusieurs gouvernements ont des ressources qu'il seroit important de ne pas négliger. En France, en Espagne, il n'est point de petite ville qui ne renferme dans son enceinte plusieurs monastères. Ces bâtiments ordinairement vastes, commodes, entourés de jardins qui rendent l'air salubre & la vue agréable, sont

habités par des hommes inutiles,
qui jouiffent dans une oifiveté profonde de revenus immenfes.

Ne vaudroit-il pas mieux qu'on
rendit ces célibataires à la fociété,
qui a befoin de bras pour fe foutenir,
& que leurs maifons & leurs revenus
fuffent deftinés au logement, à l'en-
tretien, à la fubfiftance des orphelins
& des femmes enceintes ?

Puiffe l'humanité qui a fait tant de
progrès dans ce fiécle ; qui d'un bout
de l'Europe à l'autre a fait entendre
fa voix, & a amené dans tous les
genres des réformes utiles & inté-
reffantes, faire ériger des établiff-
fements auffi précieux au genre
humain !